NOTICE

SUR LA

FABRICATION DES ALCOOLS

DITS

ALCOOLS FINS, FINS FÉCULE, FINS BETTERAVE, OU AUTRES

SUIVIE DE

RENSEIGNEMENTS SUR LA DIRECTION A DONNER

AUX DISTILLERIES DE BETTERAVES

Par M. Dubrunfaut.

> Lorsqu'un procédé industriel est créé, lorsque l'on connaît dans tous leurs détails les circonstances qui concourent au succès et celles qu'il faut éviter, on ne sait pas ce qu'il en a coûté de tâtonnements et d'épreuves infructueuses pour arriver à ce résultat.
>
> C.-J.-A. MATHIEU DE DOMBASLE.

PARIS

IMPRIMERIE GUIRAUDET ET JOUAUST

RUE SAINT-HONORÉ, 338

1854

NOTICE

SUR LA

FABRICATION DES ALCOOLS

DITS

ALCOOLS FINS, FINS FÉCULE, FINS BETTERAVE, OU AUTRES.

Pendant long-temps le commerce n'a connu comme alcool à haut titre que l'alcool Montpellier, appelé aussi 3/6 ou esprit de vin. L'industrie, qui employait peu d'alcool, achetait les 3/6 de marcs, qui ont toujours été vendus au dessous du cours des 3/6 bons goûts.

En Allemagne, en Belgique, en Hollande, en Angleterre, on rectifiait dès long-temps à haut titre les alcools de grains et de pommes de terre pour les besoins des arts, mais l'on s'occupait peu des moyens d'affiner ces produits, ou plutôt on ne connaissait pas ces moyens.

L'emploi de l'appareil de distillation continue de Cellier Blumenthal et Ch. Derosne, appareil qui parut pour la première fois en 1818 ou 1819, fut l'un des premiers qui permit d'observer que, lorsque l'on y traite de l'alcool pour en relever le titre, on obtient aux diverses époques de l'opération des produits de qualités différentes. On avait reconnu, en effet, qu'en rectifiant dans ces appareils des eaux-de-vie de fécule, les produits qui coulent au commencement et à la fin de la rectification sont fortement sapides et odorants, et que ceux qui coulent au milieu de la rectification sont plus ou moins dépourvus de goût et d'odeur. On ne sait à qui est due cette première observation, qui est restée pendant fort longtemps un secret d'atelier, et qui a été révélée pour la première fois par Ch. Derosne.

De 1818 à 1830, il y eut dans Paris et dans les environs un certain nombre d'établissements qui opérèrent la saccharification sulfurique et la distillation des fécules de pommes de terre. Les alcools qui sortaient de ces établissements, rectifiés par les appareils Derosne, conduits même avec peu de soins, servaient aux opérations des arts ; cependant l'affinage, qui en était assez facile, avait déjà permis leur emploi dans la fabrication des liqueurs, et surtout dans celle des absinthes, qui n'exige pas une grande finesse.

Pendant la même période il a existé aussi dans le nord de la France quelques établissements qui distillaient les mélasses de betteraves, et les produits de ces établissements n'ont jamais, que l'on sache, eu d'autre emploi que d'alimenter les quelques opérations des arts qui, comme les vernis, ne réclamaient dans l'alcool qu'un haut titre.

Vers 1831 je repris de M. Fessart, cultivateur propriétaire à la ménagerie de Versailles, une distillerie qui avait été créée par cet agriculteur distingué comme une annexe de sa culture pour distiller des fécules de pommes de terre ou des grains.

A cette époque les fécules étant abondantes et à bas prix (20 fr. les 100 kil.), et l'alcool valant à peu près 80 fr. l'hectol., il pouvait y avoir profit à fabriquer l'alcool de fécule, et j'organisai cette fabrication sur une échelle qui me permit d'arriver en peu de temps à une production de 4 pipes par jour.

Au moment où je fis cette entreprise, les alcools industriels étaient rares sur la place de Paris, et les premiers produits que je pus livrer au commerce furent vendus à un prix très supérieur au 3/6 Montpellier, parcequ'on me tint compte non seulement de la finesse, mais du titre, qui s'élevait de 93 à 94°.

Ces produits, convenablement fractionnés, avaient une saveur franche, et l'examen que j'en fis me donna la certitude qu'ils n'étaient que de l'alcool pur. Cependant une fabrication quotidienne de 4 pipes en présence de faibles débouchés ne tarda pas à me mettre sur les bras trois à quatre cents pipes alcool fin dont je ne pouvais trouver l'écoulement, car il se trouvait toujours sur la place de Paris quelques alcools mauvais goût de mélasses ou de grains qui, comme les miens, cherchaient emploi dans les consommations des arts.

Dans cette perplexité, je cherchai les moyens que je pourrais employer pour écouler mes produits et ne pas arrêter ma fabrication. Je pensai à l'éclairage, et, dès cette époque, conduit par le raisonnement, je préparai un mélange parfaitement éclairant d'alcool et d'essence de térébenthine que je fis brûler avec une mèche; c'était le prélude d'une invention qui s'est produite depuis sous une forme plus commode dans le bec américain de l'éclairage au gaz liquide.

Enfin, je songeai que mes produits, si appréciés des distillateurs liquoristes pour leur pureté et leur finesse, pourraient pénétrer dans la consommation des eaux-de-vie, en les mêlant avec le Montpellier (1); mais ici se pré-

(1) En exploitant la distillation des fécules j'étais arrivé non seulement à donner aux produits alcooliques une grande perfection

sentait un scrupule : faire un mélange, vendre un produit pour ce qu'il n'est pas, encourager une falsification, il y avait là de quoi émouvoir à juste titre la susceptibilité du commerce honnête. Je voulus donc d'abord m'éclairer sur ce point, et pour cela je fis les expériences suivantes :

Je préparai deux échantillons, l'un formé de Montpellier pur, que je choisis un peu *vert* et nouveau, et l'autre préparé avec le même Montpellier mélangé par moitié avec l'esprit fin fécule mouillé au même dégré (33° Cartier), puis je présentai ces échantillons à des gourmets. Ces gourmets déclarèrent que les deux échantillons étaient du Montpellier pur, et ils s'accordèrent à reconnaître que l'un des deux était plus fin que l'autre, qu'il avait, en d'autres termes, les qualités d'un Montpellier vieux : c'était le mélange. Ce jugement fut un trait de lumière pour moi, et, convaincu dès ce moment que l'esprit fin fécule préparé avec tout le soin possible fournissait un moyen d'affiner et de vieillir le Montpellier, c'est-à-dire de produire par un simple mélange et immédiatement ce que l'on ne pouvait obtenir précédemment qu'avec du temps, et par conséquent avec une dépense d'argent, je mis à l'index mes scrupules; je ne vis plus là une opération de falsification, j'y vis, au contraire, une opération industrielle fort légitime, fort

de qualité, mais j'avais aussi beaucoup amélioré les procédés de saccharification sulfurique. En effet, j'étais parvenu à obtenir régulièrement 34 à 36 litres alcool pur de 100 kilos fécule du commerce, qui, à cette époque, contenait à peu près 20 p. 100 d'eau. Avant mes travaux de Versailles on n'était pas arrivé à retirer de la fécule plus de 20 à 25 litres alcool par 100 kilos. Avant 1820 l'industrie était tellement imparfaite qu'on n'obtenait guère que 15 à 20 litres. En faisant réimprimer incessamment notre Traité de distillation, nous ferons connaître les appareils et les méthodes de saccharification qui nous permettaient d'obtenir le susdit rendement.

avouable, et qui pouvait être recommandée au commerce en toute sécurité de conscience. Dès ce moment l'affinage du 3/6 Montpellier par les esprits fins était découvert, l'écoulement de ces derniers produits en quantités indéfinies était créé, le débouché était ouvert, et je n'eus plus de repos que je n'eusse complété mon œuvre en transportant dans la pratique l'expérience décisive que je venais de faire.

Il serait difficile de comprendre, aujourd'hui que ce débouché est ouvert et s'élargit encore tous les jours sur une échelle plus vaste, il serait difficile, dis-je, de comprendre les luttes que j'ai eues à soutenir et les difficultés que j'ai eues à surmonter pour arriver à l'ouvrir auprès des commerçants de l'entrepôt de Paris. Quelques uns d'abord se décidèrent à faire l'affinage clandestinement ; et en achetant mes produits, au lieu d'avouer l'usage qu'ils en faisaient, ils en repoussaient bien loin le soupçon, jaloux qu'ils étaient d'en conserver le monopole. D'une autre part aussi, la concurrence commerciale, qui ne choisit pas toujours ses moyens d'attaque, chercha à faire mettre en interdit auprès des acheteurs les commerçants qui faisaient des mélanges. Cette guerre disparut enfin, car, dès 1834 ou 1835, peu de maisons de l'entrepôt refusaient d'améliorer les Montpellier avec les esprits fins (1).

(1) Il y a peu de moyens qui n'aient été mis en œuvre pour entraver l'affinage du Montpellier par les esprits fins.

Ainsi, quand l'expérience eut démontré qu'il y avait affinage immédiat, on allégua que le trois-six fin ne mouillait pas comme le trois-six Montpellier, et qu'il y avait toujours perte dans le titre ; on prétendit encore que les esprits fins, d'abord dépourvus de goût et d'odeur, reprenaient sous l'influence du temps les mauvaises qualités des produits qui avaient servi à les fabriquer, et qu'ils les communiquaient ainsi en vieillissant aux alcools de vin avec

Dès 1832, encouragé par mes travaux sur les alcools de fécule, j'essayai dans ma distillerie de Versailles de soumettre les esprits de grains, de mélasse, de pommes de terre, de marcs même, aux traitements à l'aide desquels je préparais les esprits fins fécule avec les eaux-de-vie de fécule. Dès cette époque, tous les produits que j'affinai ainsi furent acceptés par l'entrepôt comme esprits fins fécule. J'avais donc, dès lors, résolu le problème de l'affinage des alcools de toute espèce et de toute origine.

Ce succès me donna, dès lors, la pensée, de porter dans le Nord, au sein des sucreries de betteraves, l'établissement que je possédais à Versailles, et ce fut vers la fin de 1833 ou au commencement de 1834 que je réalisai cette pensée, qui devait en même temps me permettre de créer la fabrication des potasses de vinasses, que j'avais entrevue en 1831.

La fabrication des esprits fins mélasse, grains, pommes de terre et autres, qui avait pris naissance à Versailles, fut donc développée par moi à Douai, vers 1834. C'est dans cet établissement que j'eus pendant quelque temps le privilége de rectifier les alcools betteraves produits dans quelques établissements du Nord. Telle était, en effet, la supériorité des prix de réalisation des esprits fins sur les esprits bruts et de mauvais goûts des autres distilleries, que je pouvais acheter ces produits à l'entrepôt de Paris, les envoyer à l'affinage dans mon établissement de Douai, puis les renvoyer à la vente à Paris. Ces produits, avant d'être consommés, avaient fait trois fois le voyage du Nord à Paris, deux aller, un retour.

lesquels on les mélangeait. Des expériences exactes faites avec des négociants de l'entrepôt démontrèrent le peu de fondement et l'inanité de ces allégations.

Dès le moment où mes produits furent connus et leurs débouchés assurés, la concurrence s'organisa ; les établissements existants cherchèrent à s'initier, par les manœuvres pratiquées en semblables circonstances, aux moyens que je mettais en œuvre pour affiner les alcools et les rendre propres à l'industrie des mélanges.

Enfin, en 1837, je créai la Société de Valenciennes qui, jusqu'en 1844, fut exploitée sous la raison sociale Hamoir, Semal, Dubrunfaut et Cie, et qui maintenant est connue sous la raison Serret, Hamoir, Duquesne et Cie. Ce grand établissement, qui s'est formé sous l'égide des deux industries que j'y ai introduites, la distillation des mélasses et la fabrication de la potasse de vinasse, a conservé pendant long-temps la supériorité que j'avais créée, à Versailles et à Douai, dans la fabrication des alcools fins (1).

Aujourd'hui vingt distilleries de mélasses réparties sur divers points de la zone nord de la France opèrent annuel-

(1) A l'appui des détails tout personnels dans lesquels nous devons entrer ici, nous croyons devoir publier la pièce ci-après :

« Nous soussignés, négociants à l'entrepôt des vins de Paris, déclarons qu'il est à notre connaissance parfaite que M. Dubrunfaut a donné dès l'année 1832 une grande perfection à la fabrication des esprits fins fécule, perfection qui a donné une grande importance à ce genre de produits.

» Nous déclarons, en outre, que M. Dubrunfaut a fabriqué et fait connaître le premier au commerce les esprits fins mélasses, dont la fabrication a pris depuis un si grand développement, et que ses produits en ce genre ont conservé long-temps dans l'entrepôt une supériorité de qualité qui les fait rechercher de préférence à tous autres par les consommateurs.

» En foi de quoi nous avons signé la présente déclaration.

» *Paris*, 15 *février* 1842. »

Signé : Ed. Tourneur et N. Joanne, — Millot frères, — Constant François, — Martial Célérier, — Gustave Claudon, — Vautiez et Willermot, — Ant. Ruelle, — Rouiller, — Noël Saffroy, — B. Legrand, — Valentin et Prévost.

lement sur 45 à 50 millions de kilogrammes de mélasses, avec lesquels on produit environ 20,000 pipes d'alcool fin à 93 ou 94°, et en outre 4 à 5 millions de kilogrammes de potasse brute, qui fournit presque exclusivement aux besoins de la consommation.

Malgré le développement progressif de la distillation des mélasses, qui a conduit l'an dernier l'industrie à produire près de 20,000 pipes d'alcool, c'est-à-dire 1/5 environ d'une récolte ordinaire du Languedoc, ces produits ont trouvé un écoulement facile et productif dans le commerce, grâce au débouché que nous avons ouvert dans l'industrie du mélange, et grâce surtout à la perfection que nous avons su donner, dès 1831, aux esprits fins.

Tel est l'effet d'une création nouvelle sur les produits de l'industrie et l'action plus ou moins directe qu'il peut exercer sur leur valeur, que, lorsque j'arrivai à Douai, en 1833 ou 34, pour y créer une distillerie, quoique l'alcool valut 160 à 165 fr. les 27 veltes, c'est-à-dire environ 80 fr. l'hect., la mélasse ne valait que 3 fr. les 100 kilog. C'est en effet à ce prix que furent faites mes premières acquisitions, car les fabricants, embarrassés de ce produit, le laissaient couler au ruisseau ou

(1) Sans l'industrie de l'affinage la consommation des alcools industriels n'absorberait pas 1000 pipes par an. Il est facile de comprendre qu'avec une pareille ressource l'industrie de la distillation des melasses n'eût jamais pu atteindre la proportion qu'elle offre aujourd'hui. L'affinage n'est plus aujourd'hui, comme dans l'origine, une manœuvre pratiquée au seul entrepôt de Paris; il a gagné toute la France, et il a, par cela même, agrandi indéfiniment le cercle des opérations des établissements qui se livrent à la fabrication des alcools fins. Il y a plus maintenant, c'est que l'alcool fin mouillé à l'état d'eau-de-vie pénètre dans la consommation même sans mélange avec les alcools de vin, et il finira sans doute un jour ou l'autre par y prendre un rang important.

au fumier quand ils ne pouvaient le donner comme nourriture aux bestiaux. Un an plus tard le prix de la mélasse s'était élevé à 5 ou 6 fr., sans que le prix de l'alcool eût varié. Aujourd'hui la potasse, dont la fabrication est liée à la distillation, donne aux mélasses une plus-value de 2 fr. 50 c. à 3 fr. les 100 kilog. La valeur donnée à la mélasse par l'alcool est peut-être en ce moment de 30 à 35 fr., et ce résultat joint à celui que donne la potasse, résultats qui profitent si largement à l'industrie du sucre indigène, nous croyons que cette industrie nous les doit, car ils sont sortis tout entiers de nos efforts et de nos travaux ; supprimez en effet nos créations de 1831 sur l'affinage et l'industrie des mélanges, et la fabrication des alcools fins disparaît faute de débouchés.

Après avoir été assez heureux pour créer la fabrication des esprits fins mélasse, il nous a réussi tout récemment de réaliser sur une grande échelle la distillation directe des betteraves avec affinage de ses alcools au niveau des esprits fins fécule et mélasse. Cette industrie, bien posée, dote la sucrerie indigène d'une nouvelle colonne appelée à la tirer aujourd'hui d'une position difficile et à l'aider toujours dans l'avenir, en doublant les ressources dont elle dispose.

Je crois avoir le premier indiqué la betterave comme pouvant fournir la matière première d'une distillerie agricole, dans mon *Traité de distillation*, publié en 1824. A cette époque j'ai décrit un procédé préconçu pour l'exécution de la distillation des betteraves. En 1825, j'ai indiqué le rôle que peuvent jouer les acides dans la fermentation des jus de betteraves, sans fixer de dose ni de procédés pour leur emploi. De 1828 à 1852, plusieurs essais de distillation de betteraves ont été tentés par divers industriels, et plusieurs brevets même ont été pris pour des procédés propres à réaliser cette industrie, Toujours est-il que, de quatre ou cinq fabriques qui ont tenté de distiller la betterave dans cette période d'années, pas une n'a persisté dans ses travaux. Dès longtemps j'avais songé à des moyens de distiller utilement les betteraves, sans m'être jamais trouvé en position de les vérifier manufacturièrement. Cependant, dès 1845, assuré de l'efficacité de ces moyens, je les avais mis au nombre des réalisations industrielles que j'aurais à examiner; mais pour tenter utilement de pareilles créations il faut des conditions exceptionnelles, c'est-à-dire de hauts prix dans les produits fabriqués, pour indemniser les entrepreneurs des frais d'expériences, qui sont inséparables des innovations industrielles. C'est avec ces préoccupations que je fis imprimer en 1845 une brochure sous ce titre: *La vigne remplacée par la betterave, etc., pour la production de l'alcool.* Mais les hauts prix des alcools s'étant maintenus trop peu de temps ne me permirent pas de réaliser les vues de ma brochure.

En 1852, le prix de l'alcool étant suffisamment rémunérateur, je songeai à réaliser mes projets de distillation des betteraves. Je fis des ouvertures en ce sens à MM. Bernard frères de Lille, Tilloy et Delaune de Courrière, Castiau et C. de Vieux-Condé, à MM. Lanet et Charbonneau de Tournus, à MM. Petiot et Bonardot de Châlon, et mes propositions furent mal accueillies, parceque, n'ayant pas la sanction de l'expérience et n'ayant pas fait ses preuves, la distillation des betteraves, de même que les procédés que je voulais mettre en œuvre, ne pouvaient, auprès d'hommes positifs, trouver l'accueil qu'y trouvent des industries créées et exploitées au vu et au au su tout le monde; et telle était la nullité des tentatives faites pour la distillation des betteraves avant nos travaux les industriels distingués auxquels je m'adressai et que que je viens de nommer ignoraient complètement que des tentatives quelconques eussent été faites précédemment pour créer cette nouvelle industrie, ou, s'ils les connaissaient, ils n'y rattachaient que des souvenirs de revers.

Vers la fin de septembre 1852, cependant, M. Petiot, industriel fort distingué de Châlon, à qui j'avais fait des propositions, quelques mois auparavant, pour tenter dans sa sucrerie la mis en œuvre de mes procédés de distillation de betteraves, vint me demander de réaliser ces propositions. Un traité fut fait entre nous et eut son exécution immédiate, avec obligation de faire breveter les procédés que j'allais mettre en œuvre.

Dans la campagne 1852 à 1853, en effet, cinq millions de kilogrammes de racines ont été transformés en alcool dans la sucrerie de MM. Petiot et Bonardot, située aux Alouettes, près Châlon-sur-Saône.

Vers le mois de janvier 1853, convaincu des avantages des méthodes que j'avais mises en œuvre pour la distillation des betteraves, je m'adressai de nouveau à MM. Bernard frères, et aux frères Tilloy, pour les engager à examiner la question que j'avais résolue aux Alouettes, et pour les engager en outre à entrer pour leur propre compte dans cette voie. MM. Tilloy Delaune, de Courrière, et Gustave Tilloy, de Boistrancourt, justement réputés pour leur haute capacité, acceptèrent cette proposition. Ils vinrent passer une quinzaine de jours aux Alouettes dans le courant de mars 1853, et ils retournèrent chez eux parfaitement édifiés sur les résultats économiques des travaux de distillation qu'ils avaient vu pratiquer, et avec la résolution de mettre en œuvre pour leur propre compte, dans la campagne de

1853-1854, l'industrie que je venais de créer. La quantité et la qualité des produits, de même que l'ensemble des appareils à mettre en œuvre pour les obtenir, tout avait été ébauché d'une manière suffisamment complète pour pouvoir au besoin être imité servilement.

Dès juin et juillet 1853, MM. Tilloy Delaune et G. Tilloy se mirent en mesure de transformer leurs sucreries à l'imitation de celle des Alouettes. Ces transformations ne se firent pas sans bruit. MM. Bernard frères, dont la haute position commerciale et industrielle exerce dans le nord de la France une si grande et si honorable influence, participaient à la décision des frères Tilloy en acceptant la transformation de l'usine barytique de Courrière, dans laquelle ils ont un grand intérêt, en distillerie de betteraves. Ces faits, et les noms honorables et justement influents des hommes qui s'y rattachaient, appelèrent l'attention publique sur la création nouvelle et les signalèrent à l'imitation des industriels qui, par leur position, pouvaient les imiter.

En tête des hommes honorables qui se décidèrent à transformer leur sucrerie en distillerie, et dans l'ordre chronologique, nous citerons MM. A. Delaune et Ce à Courrière, Delloye et Ce à Iwuy et à Thun-St-Martin, MM. Piette Baudry et Ce au Cateau et à Caudry, MM. Bernard frères et Ce à Seclin, M. Lepollart de Douai, MM. Jules Legru et Ce de Doigny, MM. Giraud Brabant et Ce d'Onaing, MM. Castiau et Ce à Vieux-Condé, M. Camichel de La Tour-du-Pin, M. Manuel à Dijon, MM. Leplay et Ce à Douvrin, MM. Danel et Cocquel à Labassée, M. A. Bonnier de Moulin-Lille, MM. Delattre et Ce à Seclin, MM. Bernard Couhé et Ce à Roost-Vanwarendin.

Un pareil élan ne put se produire sans appeler l'attention des industriels, qui cherchèrent, par des chemins différents, à venir prendre part aux résultats de l'industrie nouvelle.

Ce n'est pas ici le lieu de juger les décisions qui ont été prises par un certain nombre de manufacturiers d'imiter les travaux des Alouettes, de Courrière, de Boistrancourt, d'Iwuy, etc., en s'affranchissant du modique tribut imposé par le brevet d'octobre 1852 aux industriels qui désiraient utiliser ses résultats légalement, sans tâtonnements et sans écoles. Toujours est-il qu'au moment où nous écrivons, si 25 industriels délicats ont jugé convenable de respecter nos droits de créateur d'une nouvelle industrie, 5 ou 6 autres ont cru, sous des prétextes différents, pouvoir marcher sans notre concours, peut-être même pratiquer nos méthodes sans notre permission et avec un doute plus ou moins fondé sur la valeur de notre titre (1).

Quoi qu'il en soit de ces divergences d'opinions, qui pourront se discuter ultérieurement devant qui de droit, nous croyons pouvoir revendiquer bien hautement non seulement la création de la fabrication des esprits fins mélasses et celle à l'affinage des Montpellier, mais encore la création complète de la fabrication des esprits fins betteraves, création qui a eu réellement pour point de départ l'usine de Châlon, qui seule a marché en 1852 et 1853, et qui, par son exemple, a donné naissance à toutes les

(1) Il est à remarquer que presque toutes ces imitations ont été faites, non pas dans des sucreries, mais dans des distilleries de mélasses, qui, à notre exemple, introduisent dans leurs établissements des jus de betteraves préparés dans les fabriques. L'industrie nouvelle que l'on me doit est appelée à annuler les distilleries de mélasses. De là, sans doute, la cause du peu de sympathie que nous avons inspiré à ces industriels, qui nous doivent pourtant leur fortune acquise; car, avant d'avoir annulé involontairement leur industrie, nous avons eu le mérite de la créer, et de la créer à leur profit.

usines qui existent aujourd'hui, soit qu'elles marchent avec nous ou sans nous (1).

Cette féconde industrie, qui promet à la sucrerie indigène une nouvelle source de prospérité, je l'avais nettement indiquée dans toutes ses phases, agricole et industrielle, dans ma brochure de 1845.

Le problème posé à cette époque se trouve aujourd'hui parfaitement résolu, car les distilleries de betteraves annexes des sucreries auront produit, dans la campagne 1853-1854, 12 à 15,000 pipes d'alcool fin remplaçant les trois-six Montpellier dans tous leurs usages, et s'alliant même avec avantage, dans beaucoup de cas, à nos fines eaux-de-vie des Charentes, au kirsch, aux eaux-de-vie de grains, etc.

(1) Des publications, qui ont été plus ou moins inspirées par nos imitateurs ou contrefacteurs, insinuent qu'avant nos travaux des fabriques ont fonctionné, même sous l'égide de brevets et de procédés analogues aux nôtres, et que ces fabriques n'ont interrompu leurs travaux que sous l'influence de la baisse des alcools, tandis que les nôtres n'ont commencé qu'avec la hausse. D'abord nous déclarons que la prétendue identité que l'on trouve entre nos procédés et ceux des brevets Wattringue, Nicolle et autres n'existe pas. Nous ajouterons qu'en suivant les procédés décrits, brevetés ou non, on est certain d'arriver à de mauvais résultats, à moins qu'on n'empiète plus ou moins sur les méthodes décrites dans nos brevets. Nous ajouterons encore qu'il serait fort étrange que les industriels titulaires de brevets valables décrivant des procédés efficaces n'aient pas repris leurs travaux en 1852, époque où nous avons repris les nôtres en présence de cours d'alcools largement rémunérateurs (100 à 120 fr. l'hect.). Pourquoi enfin tous les industriels nos imitateurs ont-ils attendu les résultats de nos travaux de Châlon pour se mettre à l'œuvre? Si le prix de 100 à 120 fr., qui nous a fait entrer dans la lice, n'était pas suffisamment rémunérateur pour les décider à aborder la distillation des betteraves, il faut convenir qu'ils étaient ou bien maladroits, ou bien exigeants. Si les procédés connus, ceux que l'on nous oppose, ne leur offraient pas les moyens de soutenir la lutte des trois-six Montpellier au prix de 100 à 120 fr., ces procédés devaient être bien imparfaits, et, par cela même, bien différents des nôtres.

Si l'oïdium continue à sévir l'an prochain dans les vignobles, ce qui n'est malheureusement que trop probable, les récoltes de vin suffiront à peine aux besoins de la consommation en nature, et la disette d'alcool fera de nouveaux progrès. Dès lors la betterave entrera plus largement encore dans la voie des distilleries annexes, et 150 sucreries, et plus peut-être, transformées, pourront produire 50 à 60 mille pipes alcool fin, qui pourvoiront en partie aux déficits des vignes.

Quelle serait, en présence de cet événement possible, l'avenir de l'industrie sucrière et surtout celui de l'industrie viticole, déshéritée que serait cette dernière de sa production favorite et séculaire? C'est ce qu'il peut être utile d'examiner ici, dès ce moment.

Pour la campagne qui se termine, la sucrerie indigène, conformément à nos prévisions de 1845, a été sauvée par la distillation des betteraves. En effet, cette dernière industrie, en détournant de la fabrication du sucre environ 15 millions de kilogrammes de sucre et en les transformant en alcool, aura absorbé au moins l'excédant qu'aurait offert la campagne 1853-54 sur la campagne 1852-53; ce fait a produit la hausse du sucre et ramené le prix rémunérateur à des conditions suffisamment favorables pour empêcher les sinistres que les bas cours des sucres et les avaries des dernières années auraient amenés dans la sucrerie indigène; de sorte qu'ici encore les établissements de sucrerie transformés auront été non seulement doublement profitables à leurs propriétaires, mais ils auront amélioré indirectement les conditions matérielles des autres établissements.

Cependant les hauts prix des alcools et la marge que laisse leur fabrication aux distillateurs de betteraves ont, dans ces derniers temps, élevé démesurément le prix des betteraves, c'est-à-dire que ces produits, qui ne peuvent être payés ordinairement qu'avec difficulté 18 à 20 fr. les 1000 kilos par les fabricants de sucre, ont pu être payés, soit à l'état de betteraves, soit sous forme de jus et de sirop fabriqués, jusqu'à 35 et 40 fr. les 1000 kilos.

Cette circonstance porte momentanément le trouble dans les centres de fabriques et de productions de betteraves, en jetant une grande incertitude sur les moyens d'alimenter les sucreries.

En effet, dans toutes les circonscriptions où se trouveront pêle-mêle des sucreries-distilleries et des sucreries simples s'approvisionnant de betteraves par des marchés annuels ou sans marchés, les distilleries-sucreries, trouvant dans les hauts cours des alcools une ressource plus productive, peuvent, pour obtenir les betteraves, leur attribuer un plus grand prix. Partout où un pareil ordre de choses se présentera, la fabrication du sucre proprement dite sera réduite à n'acheter que les racines que les besoins satisfaits des distilleries laisseront sans emploi, ou bien elles subiront des conditions qui pourront compromettre leurs résultats spéculatifs.

De là l'utilité pour le moment de généraliser la distillation dans toutes les sucreries pour régulariser et niveler leurs conditions économiques de production avec les sucreries-distilleries. De là encore l'utilité d'accroître la culture des betteraves proportionnellement aux besoins de la nouvelle industrie.

Nous considérons donc plus que jamais comme une nécessité absolue l'établissement d'alambics dans toutes les sucreries, pour permettre aux fabricants de faire à volonté, conformément à notre programme de 1845, ou du sucre ou de l'alcool, ou tout à la fois du sucre et de l'alcool, suivant les phases commerciales des cours de ces produits.

Ces établissements toutefois doivent être créés économiquement dans la sucrerie, et non ailleurs, pour servir uniquement d'auxiliaire à la sucrerie. Il est évident, en effet, que des distilleries montées par les fabricants de sucre en dehors de leurs sucreries n'atteindraient pas le but économique que nous proposons et qu'elles rentreraient par là même dans la classe des distilleries pures dont nous allons avoir à parler.

La surexcitation produite par les cours élevés des alcools de vins dirige les recherches des industriels sur les moyens de remplacer cette substance, et, par suite, sur la distillation spéciale des betteraves. Déjà beaucoup de projets de ce genre sont à l'étude ou à la veille de se réaliser.

Souvent consultés sur la direction à donner à l'industrie de la distillation des betteraves, nous devons consigner ici notre opinion sur cette question, pour éviter d'avoir à la reproduire tous les jours dans une active correspondance.

Si l'établissement de distilleries spéciales de betteraves n'est pas une opération invariablement dangereuse, nous croyons qu'elle a sur l'établissement des sucreries-distilleries, ou plutôt sur la transformation des sucreries en distilleries, une telle infériorité, qu'on ne doit songer à créer ces sortes d'établissements qu'avec beaucoup de réserve.

En effet, c'est dans la sucrerie ancienne et déjà amortie que se trouvent réunies les conditions les plus avantageuses, toutes choses égales d'ailleurs, pour produire l'alcool de betteraves au plus bas prix possible.

Les établissements récents et non amortis occupent le

premier rang après les établissements précédents pour l'économie de la production.

Enfin les établissements de distillerie purs, autres que les distilleries de mélasses, exigeant la sortie d'un gros capital pour les mettre en mesure de fonctionner dans les conditions économiques des sucreries, ne réaliseraient pas le double privilége de ces établissements, savoir : de pouvoir faire à volonté et au choix du sucre ou de l'alcool. Qu'adviendrait-il de ces établissements, si des conditions théoriques ou commerciales nouvelles venaient à intervertir l'ordre de chose actuel en assignant à la production du sucre une supériorité économique sur la production de l'alcool? Ces établissements ne seraient donc viables qu'à la condition de pouvoir ultérieurement se transformer en sucreries par le renversement des méthodes que nous pratiquons en ce moment pour transformer les sucreries en distilleries.

Une sucrerie ayant coûté 400,000 fr. environ, et pouvant opérer sur une fabrication quotidienne de 100,000 kilog. de racines, peut se transformer en sucrerie-distillerie moyennant une dépense de 40,000 fr. La distillerie ne met donc ici, en réalité, à la charge de l'entrepreneur, qu'une immobilisation de 40,000 fr., soit un dixième du capital déjà employé pour la sucrerie.

Un industriel qui voudrait, au contraire, monter une pareille distillerie en prévision d'une transformation possible en sucrerie dans les conditions ci-dessus mentionnées, ne dépenserait pas moins de 340,000 fr., et il aurait ainsi, plus tard, une nouvelle dépense de 100,000 fr. à faire, s'il voulait passer de l'alcool au sucre.

On voit donc que la position d'un fabricant de sucre voulant devenir distillateur est tout autre que celle d'un industriel qui n'est pas engagé dans l'industrie : l'un a presque toute la dépense faite pour devenir distillateur, l'autre a toute la dépense à faire.

Dans le grand nombre de projets de distilleries spéciales de betteraves qui surgissent au milieu de l'élan général, il s'en trouve quelques uns qui sont basés sur une liaison intime avec l'agriculture. Ces établissements, quant à leur vitalité, feront peut-être exception aux règles que nous avons posées précédemment. En effet, une distillerie purement agricole bien organisée, montée sur une certaine échelle, et utilisant ses récoltes pour produire de l'alcool, des nourritures et des engrais, pourrait, à notre avis, dans beaucoup de circonstances, soutenir la lutte de la vigne, c'est-à-dire avoir la chance de se tirer d'affaire alors que le prix des 3|6 retomberait dans le Languedoc à 40 fr. l'hectolitre. Cette opinion que nous émettons ici n'est pas nouvelle; elle est consignée dans notre brochure de 1845, p. 13. Dans ce cas, l'économie d'installation, et la question économique de fabrication, assigneraient la supériorité au procédé de macération, en faisant toutefois le sacrifice de la question agricole, car les résidus de macération paraissent fort inférieurs en qualité à ceux qui sont produits par les râpes et les presses (1).

Ces considérations, et l'exemple des sucreries les plus prospères, justifient donc la préférence que nous

(1) En effet les expériences faites dès long-temps sur les résidus de betteraves macérées assignent à ces résidus une infériorité comme nourriture; on les a trouvés trop aqueux, trop relâchants, pour les bestiaux, et ils exigent, pour corriger ce défaut, l'addition d'une forte proportion de matières sèches, comme foin, paille, etc. Le résidu des râpes et des presses, au contraire, vaut, sous le même poids au moins autant que la betterave elle-même; il se prête parfaitement à la méthode de conservation en silos. Pendant cette conservation il acquiert une saveur lactique et alcoolique qui plaît

donnons aux sucreries-distilleries, et, par suite, aux grandes distilleries industrielles. Les petites sucreries

aux bestiaux, sans qu'il ait perdu notablement de ses propriétés nutritives par suite de la transformation du sucre. Néanmoins, dans aucun cas, la pulpe de betterave ne pourrait servir seule à l'engrais des bestiaux ; elle exige toujours l'addition d'un aliment auxiliaire sec plus énergique, comme les tourteaux.

On a prôné récemment une méthode de macération qui ne diffère des méthodes connues et pratiquées qu'en ce qu'elle consiste à macérer à la vinasse, et l'on a attribué à cette méthode des avantages qui ne paraissent pas devoir lui appartenir. En effet, les vinasses d'une distillerie bien conduite ne renferment en dissolution que des sels minéraux et végétaux, et rien de plus. Quand le travail de la distillation est mal conduit, les vinasses sont plus ou moins chargées de sucre et d'acide lactique, et cet acide, qui provient de la transformation de son équivalent de sucre, ne peut dans aucun cas agir autrement que comme le sucre lui-même, c'est-à-dire comme aliment de respiration. En macérant à la vinasse, dans un travail bien conduit, les résidus macérés ne peuvent donc différer des résidus macérés à l'eau que parcequ'ils renfermeraient en plus les sels de la betterave. Ces sels sont-ils utiles dans l'alimentation, ou sont-ils nuisibles ? Cette question n'est pas résolue directement par la pratique, car le procédé en question n'est mis en œuvre que depuis quelques semaines et par une seule personne ; il n'a été vu que par des personnes étrangères à l'art de la distillation, et par conséquent impuissantes à juger sa valeur comme procédé industriel, et encore moins comme procédé agricole.

Si l'on considère que les mélasses de betteraves données comme nourriture aux bestiaux ont été reconnues comme fort relâchantes, on pourra conclure de ce fait que les sels de la betterave, au lieu d'agir sur les bestiaux comme tonique, à la manière du sel marin, n'agissent que comme relachants, à la manière du sulfate de soude : les mélasses de betteraves, en effet, contiennent comme éléments principaux du sucre et les sels concentrés de la betterave ; la propriété relâchante, ne pouvant appartenir au sucre, appartient nécessairement aux sels.

Nous avons organisé dès cette année plusieurs distilleries qui opèrent par la macération et nous avons macéré avec de l'eau. Nous continuerons de procéder ainsi, parceque nous croyons cette méthode préférable, comme méthode industrielle, et s'il était démontré que le sel manquât aux résidus comme nourriture du bétail, il purement agricoles, celles qu'on a voulu placer dans la ferme (1), dirigées par les fermiers par des considérations purement économiques de culture, sont précisément celles qui ont eu le moins de succès, c'est-à-dire celles qui ont produit le sucre le plus chèrement; et à ce point

faudrait, selon nous, chercher à employer un autre moyen que la macération aux vinasses pour réparer cette lacune.

L'emploi que l'on a tenté de faire des vinasses des distilleries de betteraves comme nourriture-boisson des bestiaux a donné des résultats variables. Ces vinasses retiennent en suspension des matières azotées qui doivent être un aliment énergique. Ces matières, qu'on peut facilement retirer des vinasses par précipitation, constituent peut-être le seul produit utile de ces vinasses comme nourriture, et pour vérifier ce fait il serait utile de donner aux bestiaux séparément le dépôt et la vinasse, pour assigner à chacun d'eux la part qui leur est dévolue dans l'alimentation. Nous sommes disposé à croire que le dépôt seul serait utile, quand la vinasse purement saline serait nuisible, la matière active de ces vinasses (les sels) délayée dans une masse d'eau trop considérable étant ainsi relâchante à un double titre.

Si nous avions à recommander la distillation aux agriculteurs, nous croyons qu'ils obtiendraient des résultats plus certains, soit avec le râpage, soit avec les macérateurs à l'eau: car ces deux modes de faire, dirigés convenablement, peuvent donner des résidus convenables et substantiels, ainsi que cela peut se pratiquer avec les levigateurs à résidus pressés, etc.

Dans tous les cas les vinasses devraient être mises à déposer, pour donner aux bestiaux le dépôt qui est formé d'aliments azotés et rejeter les eaux purement salines. Le dépôt de matière azotée additionné aux pulpes conservées ou légèrement fermentées constituerait probablement une nourriture plus active que les résidus macérés à la vinasse.

(1) N'a-t-on pas voulu aussi, par une extension peu logique de ces idées, confier la fabrication du sucre aux ménagères? Un prix sur cette question a même été proposé par la Société d'encouragement pour l'industrie nationale. Cette direction donnée au travail peut signaler une époque de transition utile, mais non pas le but définitif qui est nettement indiqué par le principe si fécond de la division du travail dans des fabriques spéciales, et par suite par l'intervention des machines de toutes espèces dans la préparation des produits.

de vue la direction plus industrielle qu'agricole qu'a prise la sucrerie se justifie pleinement. Est-ce à dire qu'une pareille direction déshérite l'agriculture des avantages que la sucrerie lui promettait? Il n'en est rien : car, quelle que soit la condition du fabricant de sucre, agricole ou industrielle la betterave est toujours fournie par la culture, et les résidus de fabrication retournent toujours à la ferme et au sol (1). En effet, les fermiers ne cultivent le plus souvent les betteraves pour les fabricants à 16 et 18 fr. les 1000 kilog. qu'à la condition d'en recevoir les pulpes à 8 ou 10 fr. les 1000 kilog., et de pareils marchés sont très favorables aux intérêts des cultivateurs, qui reçoivent, à moitié prix et en nourriture au moins égale en qualité pour leurs bestiaux, le résidu des récoltes, dont la vente à un prix double leur a assuré un beau bénéfice. Ils obtiennent donc ainsi le bénéfice légitime de leur travail, ils se bornent à l'exercice de leur profession, et ils abandonnent aux industriels purs le soin et les sacrifices qu'imposent les exploitations industrielles qui manipulent les produits de leurs recoltes. Cette direction, qui instinctivement a fait le succès des sucreries, au grand profit de l'agriculture, permet de croire, par les règles de l'analogie, qu'elle fera également le succès des distilleries qui prendront pour base de leurs opérations les récoltes sarclées remplaçant la jachère.

(1) Cette rédaction était faite lorsque nous avons eu connaissance d'un article fort remarquable de M. Burat inséré dans *le Constitutionnel* du 26 février dernier. Ce publiciste a nettement posé la question que nous discutons ici, et il est arrivé aux mêmes conséquences que nous. Nous aurions pu nous borner à rapporter son travail textuellement, si le nôtre n'offrait pas quelques nombres et quelques faits qui éclairent la question.

La question des distilleries de betteraves dans ses rapports avec l'agriculture en serait donc en ce moment, par le fait de certaines tendances et de certaines influences, au point où en était la sucrerie il y a vingt-cinq à trente ans. Margraff avait ouvert la voie purement agricole en se préoccupant surtout de sa découverte au point de vue de l'intérêt de l'agriculteur (1). Achard marcha dans la même direction. Sous l'Empire, l'affaire fut presque exclusivement industrielle, mais dans des proportions fort grêles et avec les ressources que l'on sait. Sous la Restauration, les travaux de Dombasle, Chaptal, et les nôtres eux-mêmes, poussèrent l'industrie dans une voie plus agricole qu'industrielle. Un fabricant de sucre fort distingué et fort capable, M. Blanquet de Valenciennes, posa même vers 1826 ou 1827 comme borne infranchissable d'une sucrerie une manipulation de 4 millions de kilos de racines, en se basant sur des considérations plus agricoles qu'industrielles. Sous ces influences, la sucrerie a marché lentement, et en 1828, 100 sucreries fournissaient à peine, sans payer d'impôts, 4,700,000 kilos de sucre, soit environ 47,000 kilos par fabrique. En 1853-54, il y a des fabriques qui ont

(1) Margraff s'exprime ainsi dans son remarquable mémoire présenté à l'académie de Berlin en 1847 :

« Ce qui a été rapporté jusqu'à présent fait voir en général quels » usages économiques on pourrrait tirer de ces expériences ; il me » suffira d'en indiquer un seul, qui est même le moindre. Le pauvre paysan, au lieu d'un sucre cher, ou d'un mauvais sirop, pourrait se servir de notre sucre de plantes, pourvu qu'à l'aide de » certaines machines, il exprimât le suc de ces plantes, qu'il le » dépurât en quelque façon et qu'ensuite il le fît épaissir jusqu'à » consistance de sirop : ce suc épaissi serait assurément plus pur » que le sirop ordinaire et noirâtre du sucre, et peut-être même, » que ce qui resterait après l'expression pourrait encore avoir son » utilité. »

opéré sur 25 à 30 millions de kilos de racines, et 300 sucreries en activité auront produit environ 73 ou 74 millions de kilos de sucres grevés d'une surtaxe, soit, en moyenne, 240,000 kilos de sucre par fabrique, c'est-à-dire une production quinze fois plus grande que celle de 1828 en masse, et cinq fois plus grande pour la moyenne de production de chaque fabrique.

Un pareil développement en présence de l'aggravation de l'impôt et d'une réduction sensible du prix des sucres, n'a pu se produire sans d'immenses perfectionnements, sinon dans les procédés de fabrication, mais au moins dans l'ensemble des éléments qui constituent la question économique de fabrication, et il est impossible, dans la recherche des causes de ces progrès, de ne pas faire une part très large, et presque exclusive, à la direction tout industrielle des sucreries.

Cette direction a confié le sort et l'avenir de cette industrie aux mains d'hommes spéciaux, bons administrateurs, bons industriels, bons commerçants, opérant avec des capitaux suffisants dans des fabriques confortablement organisées, accessibles à tous les progrès, enveloppées des lumières de la science et réalisant ainsi des conditions de travail parfait et économique que l'on aurait long-temps et vainement peut-être demandées aux agriculteurs purs.

En 1828, MM. Crespelle Dellisse et Blanquet, qui se trouvaient à la tête du mouvement de l'industrie sucrière, évaluaient encore, chacun de son côté (enquête sur les sucres), à 28 fr. les frais utiles pour manipuler 1,000 kilos de racine en sucre. Il y a quelques années, ces frais étaient réduits dans le plus grand nombre de fabriques à 13 ou 14 fr., et il y a tout lieu de croire qu'en ce moment les établissements bien organisés ont obtenu une réduction notable sur la susdite somme de frais.

Aurait-on jamais obtenu de pareils résultats avec les petites sucreries disséminées dans un grand nombre de fermes sous le prétexte de généraliser partout et pour tous les agriculteurs le bénéfice de l'engrais des bestiaux par les résidus, comme on voudrait le faire aujourd'hui pour les distilleries? Aurait-on réussi, en outre, à développer dans un temps aussi court, et sur une échelle aussi large, la production du sucre, et à faire ainsi profiter l'agriculture des avantages qui résultent aujourd'hui pour la France de la culture de 1800 millions de kilog. de racines cultivées sur 60,000 hectares de terre? Cette question est au moins douteuse. En Russie, 300 fabriques agricoles produisent à peine 9 millions de kilog. de sucre. A ce compte, pour la France, il aurait fallu 2,400 fabriques pour atteindre le chiffre de production actuelle. Dans le Zollverein, en 1837-38, 156 fabriques avaient produit 6,900,000 kilog. sucre de betteraves, soit 44,230 kilog. par chaque fabrique; en 1851-52, grâce au développement plus industriel des sucreries, 234 fabriques avaient produit 70 millions de kilogr., soit plus de 300,000 kilog. par chaque fabrique. Un pareil élan, qui se révèle en Allemagne comme en France, ne peut permettre de croire que l'industrie fait fausse route, et la science, en enregistrant ces faits, doit en étudier les causes pour en faire son profit et en tirer des enseignements.

C'est avec cette préoccupation toute logique et en faisant le sacrifice de nos anciennes idées et de nos vieilles affections pour les industries placées dans la ferme, que nous avons cru devoir placer de préférence les distilleries de betteraves dans les mains d'industriels qui, ayant fait leurs preuves pour le sucre, promettent à l'industrie de l'alcool un avenir solide et durable. Cette direction raisonnée n'est cependant pas exclusive des distilleries purement agricoles, et si nous croyons celles-ci moins efficaces et moins riches d'avenir, nous les considérerons toujours comme utiles à défaut de l'autre direction.

A l'appui de l'opinion que nous défendons ici, et sans sortir de notre sujet, nous pourrions encore citer l'exemple des distilleries belges. Il existe en effet dans ce pays environ 200 petites distilleries agricoles qui sont favorisées par les lois fiscales à l'exclusion des grandes distilleries purement industrielles, qui vendent leurs résidus. Eh bien, telle est encore là la supériorité de la direction purement industrielle des distilleries de grains que les petites distilleries, malgré la protection du fisc, ne peuvent soutenir la concurrence des grandes, et dans ce moment les trois quarts de ces petites distilleries agricoles chôment, quand toutes les grandes distilleries industrielles continuent leurs travaux.

L'industrie du sucre est encore vivace, nonobstant les luttes de toutes espèces qu'elle a subies; les éléments d'économie qu'elle peut encore réaliser sont énormes, quand elle entrera dans toutes les voies perfectibles que la science et l'expérience lui indiquent. Ainsi, quand on considère que la richesse des racines peut varier entre 5 et 15 pour 100; que cette richesse est variable avec le sol, la culture, la race des racines, avec l'époque de la récolte et avec les météores qui environnent cette récolte, on reconnaîtra qu'il y a de ce chef seul d'immenses améliorations à créer, et que finalement ces améliorations profiteront à l'industrie du sucre ; et ce qui est vrai pour le sucre l'est également pour l'alcool, puisque le rendement des racines en alcool varie comme leur richesse saccharine.

L'un des arguments principaux que nous avons émis dans notre Brochure de 1845 pour prôner le remplacement de la vigne par la betterave pour la production de l'alcool était fondé sur ce fait que la vigne, étant une plante vivace qui occupe perpétuellement le même sol, ne se prête pas aux conditions vitales d'une bonne culture, et qu'elle ne peut par là même s'identifier avec les assolements et les récoltes variées, qui seules permettent au travail de l'homme de tirer du sol tout le parti possible.

En faisant la proposition de renoncer à la vigne comme moyen de produire de l'alcool, nous n'avons eu nullement la pensée d'amoindrir dans la vénération des hommes une culture qui constitue l'une des grandes richesses de notre pays, et, alors même que le problème posé par nous eût obtenu de la pratique la solution la plus large possible, nous pensons encore que la vigne, déshéritée en partie, conserverait encore long-temps le privilége de fournir aux consommateurs ces alcools parfumés, qu'ils consentent à payer chèrement, parceque d'anciennes habitudes les leur ont signalés dans les produits des Charentes et dans les trois-six Montpellier eux-mêmes.

Cependant si le goût des consommateurs venait à enlever à nos alcools de vins tout leur prestige en se reportant sur des eaux-de-vie que l'art leur aurait substituées, si le commerce enfin allait s'approvisionner d'eaux-de-vie à d'autres sources qu'à celles de la vigne, pense-t-on que ce produit précieux de notre sol fût perdu pour la richesse publique ? Il n'en est rien.

Quoi que l'on fasse pour arriver à imiter nos vins, ceux-ci conserveront long-temps encore, sans doute, le privilége de constituer l'une des bases essentielles de l'alimentation de l'homme. D'une autre part, combien d'hommes sont privés du privilége de réparer leurs forces, même avec des vins de médiocre qualité.

N'est-ce pas un spectacle déplorable, en présence de ce fait, de voir fabriquer des vins destinés à la chaudière? Peut-on croire, en effet, que le sol si précieux et si fécond du Languedoc, que son climat si favorable à la maturation du raisin, ne soient pas maintenus dans leur privilége naturel de servir de base à la fabrication des vins, alors même que les cultures assolaires du Nord lui enlèveraient la ressource des alambics? Les vins du Languedoc sont peu propres à la boisson parcequ'ils sont préparés sans soins et avec une mauvaise variété de vignes (le terret et l'aramon). Que le Languedoc perde son privilége de faire du trois-six, il n'y perdra rien en réalité, forcé qu'il sera de perfectionner ses plans, sa culture, et par suite la fabrication de ses vins, pour leur donner ce qui leur manque aujourd'hui, c'est-à-dire la propriété de se conserver et les autres qualités que réclament les consommateurs.

En effet, dans les années de disette de vins, comme celles que nous avons en ce moment, la moitié ou les trois quarts des vins destinés ordinairement à la chaudière passent dans le commerce de vins pour alimenter la consommation en nature. Ces vins ne sont donc pas radicalement impotables, et il serait facile de démontrer qu'avec des soins de fabrication convenables on arriverait à les rendre tous potables.

2790. — Paris, impr. Guiraudet et Jouaust, rue S.-Honoré, 338.

www.ingramcontent.com/pod-product-compliance
Ingram Content Group UK Ltd.
Pitfield, Milton Keynes, MK11 3LW, UK
UKHW022203190726
13855UKWH00004B/1602

9 782013 443197